AF589669

Extrait des Annales médico-psychologiques.

# DE L'IDENTITÉ

# DE L'ÉTAT DE RÊVE

# ET DE LA FOLIE,

PAR

**M. MOREAU (de Tours).**

« I dreamed — it was not all a dream —
As lately, sick I lay,
Once more deprived of reason's beam,
And judgment's blessed ray —
I dreamed — hope o'er me shed a gleam... (1). »
(*Lines written after sickness.*)

Il y a dix ans, dans notre livre sur le hachisch, nous énoncions la proposition suivante : « 1° Toute forme, tout accident du délire ou de la folie proprement dite, idées fixes, hallucinations, irrésistibilité des impulsions, etc., etc., tirent leur origine d'une modification intellectuelle primitive, toujours identique avec elle-même... Cette modification, nous l'avons appelée *excitation*.

(1) Extrait du *Morningside mirror*, journal composé et rédigé par les aliénés de l'asile d'Edimbourg.

... 2° Au fur et à mesure que, sous l'influence du hachisch, se développe le fait psychique que je viens de signaler, une profonde modification s'opère dans tout l'être pensant. Il survient insensiblement, à votre insu et en dépit de tous vos efforts pour n'être pas pris au dépourvu, il survient, dis-je, *un véritable état de rêve*, mais de rêve *sans sommeil*, car le sommeil et la vielle sont alors tellement confondus, que la conscience la mieux éveillée ne peut faire, entre ces deux états, aucune distinction, non plus qu'entre les diverses opérations de l'esprit qui tiennent exclusivement à l'une et à l'autre.

» De ce fait, ajoutions-nous, dont l'importance n'échappe à personne, et dont les preuves se trouvent consignées à chaque page de ce livre, nous avons déduit *la nature réelle* de la folie, dont il embrasse et explique tous les phénomènes sans exception (1) »

Conclusion générale :

1° *Unité de lésion* résumant toutes les anomalies de la faculté pensante ; *fait primordial* qui est le point de départ *nécessaire*, *le fait primitif*, *générateur* de toutes ces anomalies ;

2° *Identité absolue*, au point de vue psychologique, de l'*état de rêve* et de la folie.

Chacun comprendra la haute portée des propositions que nous venons de formuler. Le fait psychologique qu'elles tendent à établir doit être considéré comme la pierre angulaire de l'édifice des sciences psychiatriques, parce que la nature essentielle, le fait primitif d'une maladie quelconque résume en lui, nécessairement, toute l'importance des phénomènes secondaires.

Depuis bien des années, nous avions senti que pour faire dametttre un pareil fait dans la science, il ne saurait suffire d'en affirmer l'existence d'après le témoignage de l'observation intime ; j'avais trouvé peu de personnes disposées à me

(1) *Du hachisch*, etc., p. 36 et 37.

suivre dans ce genre d'observation, le seul pourtant qui puisse donner la vérité absolue, et n'ayant pas, d'ailleurs, la prétention d'être cru sur parole, il me fallait chercher des preuves d'une autre nature. J'ai beaucoup réfléchi ; j'ai consulté la plupart des philosophes et des médecins dont les écrits traitent de sujets analogues, j'ai recueilli toutes les objections qui m'ont été faites verbalement ou par écrit... Des doutes se sont parfois élevés dans mon esprit, mais, en définitive, ils n'ont fait que rendre plus vive la conviction que j'avais puisée dans ma conscience ; cependant, ils m'ont fait comprendre aussi que j'étais loin d'avoir envisagé la question sous toutes ses faces ; j'ai appris à m'en rendre mieux compte ; en un mot, d'instinctive qu'elle était d'abord, fondée sur l'aperception intérieure, ma croyance est devenue rationnelle ; je n'étais que persuadé, j'ai été convaincu.

La question de l'assimilation de la folie et de l'état de rêve a été portée tout récemment devant l'Académie de médecine et a déjà donné lieu à des débats d'un haut intérêt. Nous croyons donc opportun de consigner ici quelques réflexions sur cet important sujet.

Ces réflexions, nous devons demander grâce au lecteur pour l'ordre ou plutôt l'espèce de désordre dans lequel nous les présentons ; nous n'avons que juste le temps de les transcrire *telles quelles*, de cahiers rédigés à une époque voisine de celle où parut notre livre sur le hachisch auquel elles étaient destinées à servir de commentaires.

## I.

> « La folie est le rêve de l'homme éveillé (1). » (*Du hachisch.*)

On a élevé contre l'identité de l'état de rêve et de la folie plu-

(1) Cette définition n'est pas de moi, elle appartient à la sagesse des nations. La science l'a condamnée; la science a eu tort. Je n'en connais pas de plus légitime.

sieurs objections que je crois devoir attribuer à ce que l'on n'a pas compris, ou plutôt à ce que je n'ai pas su faire bien comprendre ma pensée sur ce sujet. C'est d'*identité psychique*, ne cessons pas de le répéter, qu'il s'agit, et en aucune manière d'*identité physiologique;* cela est essentiellement différent.

En nous servant du mot *excitation* pour indiquer l'état où se trouve la faculté pensante dans le délire, nous avons essayé de caractériser de notre mieux cet état, sans préjuger en rien la nature des causes, soit physiologiques, soit pathologiques, auxquelles il est lié. Nous n'affirmons qu'une chose d'une manière *absolue* et sans restriction, c'est que l'état psychologique que ce mot indique est *identiquement* le même dans le délire (folie), et dans l'état de rêve.

Au dire d'un de nos savants collègues, « rien ne démontrant que l'excitation soit pour quelque chose dans l'état de rêve, on ne peut identifier cet état avec le délire. Dans les rêves, dit M. Delasiauve (1), à quels symptômes initiaux reconnaît-on l'excitation?... Avant comme après, aucun signe ne révèle le travail intime dont le cerveau va être ou a été le siége. L'esprit tombe sans secousse dans ses illusions; un simple effort d'attention suffit pour l'en faire sortir et le ramener soudain au sentiment de la réalité. En serait-il de même s'il y avait réellement excitation dans cette circonstance? »

Bien évidemment notre confrère confond ici les causes ou conditions organiques, qui sont la source des rêves et du délire, avec l'état psychologique auquel elles donnent naissance.

De ce que l'état de rêve ordinaire ou physiologique est peu tenace (il y a des exceptions pourtant), se dissipe sous l'influence de la moindre cause qui éveille, ou, pour mieux rendre notre pensée, *décentralise* la sensibilité, ce n'est pas à dire pour cela qu'il diffère essentiellement de cet autre qui est le résultat d'un travail morbide, se dissipe plus difficilement, quelquefois cesse

(1) *Revue médicale*, mars 1846.

pour ne plus revenir, ou bien se manifeste d'une manière intermittente, ou bien enfin *fait irruption dans la vie de la veille*, pour parler le langage de Burdach, comme cela a lieu dans la folie. Les conditions organiques de l'état de rêve peuvent varier, le phénomène psychologique reste toujours le même. On peut en dire autant du sommeil.

Le mot *excitation* dont je me suis servi pour caractériser le fait primordial, a fait trop souvent prendre le change sur ma manière de voir. Je le retirerais si, encore aujourd'hui, et après mûre réflexion, je ne le considérais comme le moins défectueux de tous ceux que me fournit le vocabulaire, pour faire comprendre un état mental qui ne peut se révéler clairement qu'au sens intime. Mobilité croissante des actes de la faculté pensante, affaiblissement gradué du libre arbitre, du pouvoir en vertu duquel nous lions, nous coordonnons nos idées, nous les faisons converger vers un but déterminé, nous concentrons notre attention sur les unes à l'exclusion des autres, à notre gré, et par notre seule spontanéité; par suite, obscurcissement plus ou moins rapide de la conscience intime; et enfin, véritable transformation du *moi* qui, au lieu de la vie réelle, de la vie de l'état de veille, ne résume plus que la vie de l'imagination, la vie du sommeil... Tels sont les principaux phénomènes psychologiques que j'ai voulu désigner par le mot *excitation*, phénomènes qui se présentent également toutes les fois que l'état de rêve, de pathologique ou de cause physiologique, envahit les facultés intellectuelles (1).

(1) Entre autres symptômes par lesquels s'annonce l'envie de dormir, Burdach signale les suivants : « La spontanéité de l'âme s'efface, l'attention s'engourdit, devient incapable de lier une série d'idées, de la retenir, de la poursuivre ; on lit sans comprendre. Bientôt, les sensations deviennent obscures et les idées confuses ; on éprouve des hallucinations de la vue ;... on regarde fixement devant soi. » Et ailleurs : « Pendant le sommeil, l'âme s'isole du monde extérieur et se retire de la périphérie... » (Burdach, *Traité de physiologie*, p. 194 et 699.)

Suivant M. Delasiauve, s'il y a de grandes analogies entre le délire et l'état de rêve, il y a aussi des différences « non-seulement sous le rapport de la forme des aberrations mentales, mais encore relativement aux conditions dans lesquelles ces aberrations se produisent et aux causes qui leur donnent naissance. Le rêve de la nuit, par exemple, n'est semblable qu'à lui-même... Il a lieu dans les mêmes circonstances, suit une même marche et se dénoue de la même façon... Le délire des fous proprement dits et celui des personnes qui sont soumises à l'action du haschisch n'ont pas ce caractère ; ces délires sont *forcés*, morbides, et l'attention et la volonté sont également impuissantes à en prévenir ou à en suspendre les effets (1). »

Tout cela est parfaitement exact, et j'avoue que je serais bien étonné d'apprendre que j'aie jamais dit le contraire. Il est bien certain que des causes ou conditions physiologiques spéciales impriment aux rêves de la nuit des caractères qui leur sont propres, qui ne se retrouvent pas dans ceux qui ont lieu sous l'influence d'une congestion cérébrale, d'un spasme nerveux, d'une accumulation de fluide nerveux dans les centres cérébraux, d'un narcotique, d'une lipothymie, d'une excitation cérébrale, d'une cause de délire quelconque ; mais, encore une fois, ce n'est pas à dire que la modification que subit alors la faculté pensante ne soit pas identique dans tous les cas quant à sa nature essentielle et purement psychique ; que, sous le rapport de sa forme, de son mode d'être extérieur, c'est-à-dire accidentel, elle offre de nombreuses variétés, il n'y a point à s'en étonner, car la même chose arrive dans ce même état de rêve que l'on est convenu de prendre pour type de tous les autres, le rêve de la nuit ? En effet, peut-on dire que ce rêve soit toujours parfaitement et en tous points semblable à lui-même ? Ne trouve-t-on pas de notables différences au début, par exemple, alors que la conscience lutte encore avec plus ou

(1) *Loc. cit.*, p. 13.

moins de succès, que la domination des conceptions du rêve ne se fait sentir que d'une façon intermittente, que l'esprit ne sait, comme on dit, s'il dort ou s'il veille; pendant le rêve, suivant que l'on perd d'une manière absolue toute conscience de l'extériorité, ou bien qu'on la conserve assez pour rester en rapport, sur quelques points, avec les objets du dehors ; au déclin, ou au moment du réveil, alors que, sous l'impression des idées du rêve, malgré que l'on soit parfaitement éveillé, on agit, on raisonne même, conséquemment à ces idées; situation mixte très fréquente, très ordinaire qui, comme nous l'avons déjà fait remarquer, est, sous tous les rapports, sur tous les points, identique avec l'état de l'homme en délire? Identique quant à sa nature intime, ce rêve de la nuit subit donc de nombreuses variations, mais dans sa forme, je ne dis pas dans ses éléments, dans son isolement absolu ou ses points de contact avec l'action de la pensée dans l'état de veille, sa persistance malgré le retour de la conscience sous divers rapports, etc., suivant que se modifient les causes ou conditions organiques où il prend sa source; à plus forte raison peut-il en être ainsi, lorsque les conditions organiques du rêve diffèrent autant entre elles que celles qui se rencontrent dans les cas que nous énumérions tout à l'heure.

Plus qu'un mot à propos du rôle que, suivant M. Delasiauve, le libre arbitre semble jouer dans le rêve ordinaire et le délire. Contrairement à ses opinions, nous verrions là plutôt un des signes des plus frappants de l'identité de nature que nous soutenons.

Nul rêve ne peut être dit spontané, nous ne nous plongeons pas à notre gré, suivant notre bon plaisir, dans l'état de rêve ; on peut en préparer les conditions, écarter ce qui peut faire obstacle au sommeil, mais on ne *rêve pas volontairement ;* cela est tout à fait différent. Car au moment où ies conditions qu'on a préparées commencent à avoir le résultat qu'on s'en promettait, en ce moment on cesse peu à peu de s'appartenir ; avec la conscience intime, on perd sa spontanéité d'action, le *moi* se transforme; une autre individualité, celle du rêve, remplace celle de la veille. On voit qu'il ne se passe là rien que ce qui se passe dans le délire, dans le rêve = délire. — Dans le premier : action d'une cause physiologique inconnue ou à peu près inconnue; dans le second: action d'une cause pathologique inconnue (dans la folie spontanée) ou bien connue (dans la folie par intoxication). Résultat dans les deux cas : extinction, anéantissement lent ou brusque de la spontanéité intellectuelle, métamorphose du moi, rêve.

Dans un autre endroit de son travail, M. Delasiauve oppose à nos idées une sorte de fin de non-recevoir en s'appuyant sur l'incertitude où se trouve encore la science psychologique relativement à la nature du rêve et même des pouvoirs intellectuels dans l'état normal (1). « Sait-on, dit ce médecin, ce que c'est qu'un rêve?... Ce que sont les pouvoirs intellectuels? » J'irai plus loin que M. Delasiauve, en osant affirmer que nous n'en savons pas le premier mot. J'ajoute que je n'ai pas à m'en inquiéter, ni à effleurer seulement cette insoluble question. Il me suffirait de savoir, de science vulgaire et commune à tous, que l'état de rêve constitue un état particulier des facultés mentales qu'en aucun cas on ne saurait confondre avec l'état où se trouvent ces mêmes facultés pendant la veille. Par la conscience intime, l'observation intérieure, nous avons tous, de cet état, une connaissance suffisante pour le distinguer de l'état de veille. Ainsi du délire, que nous connaissons et apprécions de la même manière; n'en est-ce pas assez pour que nous puissions prononcer si l'une et l'autre sont identiques? Que savons-nous de la volonté, de la mémoire, de l'imagination, etc. ? Assez pour ne pas confondre entre eux ces divers pouvoirs intellectuels, tout en restant persuadés qu'ils ont une nature identique. Pourquoi n'en serait-il pas de même du rêve et du délire qui, après tout,

(1) Mém. cit , p. 13.

il faut bien le reconnaître, ne peuvent être qu'un mode particulier d'action de la faculté pensante ?

## II.

L'état de rêve a, de tout temps, fixé l'attention des physiologistes ; mais a-t-il été suffisamment étudié en lui-même, indépendamment des conditions organiques dans lesquelles il se produit? Ne s'est-on pas trop accoutumé à considérer ces mêmes conditions comme indispensables à son développement? A-t-on recherché s'il ne se rencontrait pas quelquefois, au contraire, dans des conditions soit physiologiques, soit pathologiques différentes? En d'autres termes, doit-on voir dans l'état de rêve un mode particulier d'exercice de la faculté pensante susceptible d'être déterminé par des causes essentiellement diverses ?

*a.* — Nous l'avons dit ailleurs : ce que l'on appelle *distraction* est, en réalité, une sorte d'état embryonnaire du rêve, un état intermédiaire entre la veille et le sommeil, au point de vue intellectuel s'entend, et moins les conditions organiques propres au sommeil. On qualifie indifféremment de *rêveur* ou de *distrait* celui qu'une préoccupation trop vive détourne des choses présentes. Ici, encore, le langage commun confirme notre manière de voir.

Dans ce cas, on peut dire que le phénomène du songe se manifeste, dans un milieu normal, sans que l'exercice intellectuel soit vicié par aucune influence morbide; il n'en décèle pas moins la présence d'un germe que la moindre cause peut féconder.

Il y a un axiome physiologique qui dit : pas de sensation, pas de perception sans attention. Dès que, par une cause quelconque, des impressions internes viennent à absorber l'attention, il suit nécessairement que celles venues du dehors ne sont pas senties et sont comme si elles n'étaient pas. L'individu est livré tout entier à ses pensées intérieures, à ses méditations; il a rompu avec le monde extérieur, pour ce qui a trait à ses pensées du moins. Il est véritablement en état de rêve, toujours dans la limite de ces mêmes pensées.

*b.* — L'état de rêve peut se manifester dans son plus haut degré de développement, alors même que d'importantes conditions du sommeil font défaut, par exemple chez les somnambules.

*c.* — Sous la dénomination de *sommeil*, on comprend un état particulier de l'homme qu'on ne saurait étudier avec quelque exactitude qu'en le décomposant, pour ainsi dire, et en séparant l'une de l'autre la partie purement physique et la partie psychique.

Les phénomènes qui composent cette dernière, comme tous les phénomènes du même ordre, ne doivent pas être étudiés — qu'on me permette de m'exprimer ainsi — à travers les états ou conditions organiques auxquels ils se rattachent, si l'on veut se faire une idée exacte et vraie de leur nature.

Au point de vue psychologique, le sommeil, s'il est complet, c'est-à-dire sans rêves, n'est véritablement qu'une suspension, un anéantissement momentané de la faculté pensante, ou, ce qui revient au même, de la conscience intime; s'il est incomplet, ou avec rêves, chacun, en s'interrogeant, y reconnaîtra une sorte de transformation du moi, de la personnalité intellectuelle.

Voilà ce qu'on doit entendre par *sommeil* et *rêve* au point de vue psychologique; et tout phénomène mental qui offrira les caractères ci-dessus, pourra bien recevoir des dénominations variées, à cause des circonstances différentes où on le verra se produire; mais il n'en sera pas moins un phénomène identique avec les précédents.

Faute d'avoir fait la distinction que nous venons d'établir, on s'est refusé à admettre l'identité du phénomène psychique du sommeil proprement dit et du délire. Les conditions nerveuses qui diffèrent dans les deux cas ont toujours paru mettre empêchement à la fusion de ces deux ordres de phénomènes.

On s'est fondé, pour nier l'identité de l'état de rêve et du délire, sur ce que les conditions organiques qui en sont la cause diffèrent entre elles.

« Un effet quelconque produit par une cause donnée, dit M. le docteur Michéa (*Du délire des sensations*), est en tout semblable à un second effet produit par une autre cause, dans le cas *seulement* où celle-ci se classe dans le même ordre, agit de la même manière, obéit aux mêmes conditions, s'environne des mêmes circonstances que la première. »

Cette proposition, malgré sa forme aphoristique, n'est-elle pas condamnée par l'expérience ? De quelque manière que l'on envisage la corrélation ou dépendance mutuelle de l'organisme et des facultés mentales, ne voit-on pas ces dernières rester immuables, n'éprouver aucun changement quant à leur fond du moins, au milieu des variations incessantes des conditions organiques ? En outre, la plupart des maladies, pour ne pas dire toutes, ne sont-elles pas le résultat de causes extrêmement variées ?

Que si l'on prétend que les apparences seules varient, et que, en dernier résultat, leur mode d'action est le même, ainsi que tous les grands généralisateurs l'admettent, nous dirons que c'est justement aussi là notre manière de voir, et que si les causes de l'état mental particulier, dans lequel nous fondons le songe et le délire, diffèrent quant aux apparences, quant à leur forme sensible, appréciable, le mode d'action immédiate de ces causes est le même et, par conséquent, doit produire des effets en tout semblables.

Il y a rêve quand la spontanéité, la libre action des facultés est brisée, et que le moi a subi une sorte de transformation, quelle que soit la cause, la disposition organique qui a engendré les désordres.

Essayez d'établir des différences fondamentales entre les rêves du sommeil physiologique et ceux qui ont lieu dans l'état de stupeur dû soit à des congestions cérébrales, soit à l'action toxique de l'opium, du hachisch, des alcooliques, aux inspirations de l'éther, etc; malgré la diversité des causes médiates, le résultat psychologique n'est-il pas identique pour toutes?

Il semble, de prime abord, qu'on a une foule d'objections à faire contre l'identité du rêve et du délire; c'est qu'ici, comme en beaucoup d'autres circonstances, on n'a pas soin de ne pas confondre entre elles deux choses essentiellement distinctes : la forme et le fond; la forme, qui n'est qu'un accident essentiellement variable comme les causes qui le produisent; le fond, qui est la nature même de la chose, nature immuable, toujours identique avec elle-même. Or, ces objections que l'on trouve si facilement, et qui se présentent d'elles-mêmes à l'esprit, portent toutes sur la forme; le fond reste complétement hors d'atteinte.

Exemple : voici ce que dit le savant confrère que nous citions tout à l'heure : « Le rêve implique le sommeil. Or, durant ce dernier état, l'âme se replie sur elle-même, elle quitte les organes des sens qui tombent conséquemment dans l'inertie. Alors elle perd totalement l'antagonisme qui s'exerçait en elle entre le monde intérieur et le monde extérieur, elle ne peut pas mettre l'apparence en parallèle avec la réalité, établir de comparaison entre les fantômes de l'imagination et la perception des objets véritables; elle ne peut ni arrêter l'enchaînement de ses pensées, ni en modifier la direction; en un mot, elle n'est pas maîtresse de sa volonté (1). » Il n'est pas dans les paroles que je viens de citer, une seule phrase, un seul mot qui ne reproduise, en quelque sorte, et ne confirme nos idées sur la nature essentielle du délire.

Les caractères qui différencient le plus, quant aux apparences, les deux faits organo-psychiques dont il est question, ce sont : d'une part, la durée du sommeil *physiologique* et des rêves qui l'accompagnent, le grand nombre, le pêle-mêle d'objets qui sont comme les matériaux de ces derniers; d'une autre

(1) *Op. cit.*, p. 84.

l'intermittence des phénomènes propres au délire, les limites restreintes dans lesquelles ils se renferment, dans la plupart des cas.

Mais il est facile de voir que ce ne sont là, après tout, que des différences de forme, lesquelles, toutes considérables qu'elles soient, ne peuvent détruire l'identité de nature des phénomènes eux-mêmes.

Cela est si vrai que l'on voit, dans certains cas de folie, ces différences elles-mêmes disparaître presque entièrement dans beaucoup de cas de délire encore à l'état aigu, dans tous ceux provoqués par les alcooliques, les opiacés, le plomb, etc., dans la stupidité, où les recherches toutes récentes de M. Baillarger nous apprennent que les jeux de l'imagination ne se montrent guère moins capricieux, moins étendus, que dans le sommeil ordinaire. Et même il serait exact de dire que, dans une foule de cas, les rêves physiologiques sont plus limités, mieux enchaînés dans leurs conceptions que ceux pour lesquels on a réservé exclusivement le nom de *délire* ou de *folie*.

Il suffirait alors de leur supposer un peu plus de ténacité et de persistance pour que l'individu qui les éprouve fût positivement et absolument fou.

Cette supposition, du reste, les faits l'autorisent beaucoup plus qu'on ne croit généralement.

Combien d'aliénés ne font-ils pas remonter à des rêves ordinaires l'origine de leurs idées ou convictions délirantes, de leurs hallucinations ? Pour un assez grand nombre, la folie n'est, en réalité, que la continuation d'un rêve. Nous pourrions en citer plus d'un exemple (1). Voici un des faits les plus curieux que je connaisse : « Un religieux, âgé de quarante-cinq ans, était tourmenté depuis quinze ans, et seulement certaines nuits, des rêves les plus horribles : il se croyait alors menacé de la mort de la part de ses amis les plus intimes. A chaque rêve, dans le cours

(1) Voyez ceux relatés dans notre livre : *Du hachisch*, p. 229 et suiv.

de la même nuit, c'étaient de nouveaux meurtriers, c'étaient de nouvelles circonstances d'une mort violente; il croyait tour à tour recevoir un coup de pistolet, un coup d'épée ou des coups de bâton. De semblables rêves se renouvelaient trois ou quatre fois dans la même nuit, surtout quelque temps après l'heure du coucher, et rarement après minuit. La terreur dont il était frappé était si vive que, quoiqu'on l'attachât soigneusement avec des cordes ou des draps de lit, quoiqu'on lui mît de forts liens aux pieds, il parvenait, par les agitations et les efforts les plus violents, à s'en débarrasser, et il sortait de son lit, et même de la chambre avec un sentiment d'horreur et les palpitations les plus violentes, et souvent il revenait dans son lit avec un mouvement fébrile. Pendant tout ce trouble (j'appelle l'attention du lecteur sur les paroles qui suivent) il avait *les yeux ouverts*, *il entendait le son des cloches*, *il pouvait compter avec liberté les heures de la nuit*, *et* IL N'ÉTAIT PRIVÉ DE L'EXERCICE DE SON JUGEMENT QUE RELATIVEMENT A L'OBJET DE SON RÊVE (1). »

Un pareil fait a-t-il besoin de commentaires ? Bien évidemment, ici, délire et rêve sont tout un. Les seules conditions extérieures varient : la veille succède au sommeil, mais le rêve persiste et devient délire. La nature est prise sur le fait. Est-ce assez pour lever tous les doutes ? Parviendrai-je enfin à bien faire comprendre qu'il n'en est pas autrement, qu'il n'en saurait être autrement dans tous les autres cas de délire, sans excepter ceux qui, quant aux apparences, diffèrent le plus du fait que nous venons de rapporter (2) ? Car, enfin, il faut bien admettre que la nature du délire, connue ou inconnue, est *une* et non multiple ; que les phénomènes qui la constituent ont, dans leur infinie variété, la même source psychologique !

Les mêmes caractères fondamentaux, essentiels, dont le prin-

(1) Henricus ab Heers, cité par Pinel (*Nosographie*, t. III).

(2) Qu'on relise encore le fait si remarquable et, selon nous, si concluant, raconté par M. Baillarger dans son discours à l'Académie de médecine.

cipal, celui qui résume tous les autres, est *la transformation* du moi ou de la personnalité, se retrouvent nécessairement dans l'état de rêve physiologique ou pathologique, quelles que soient les différences que lui impriment les diverses conditions organiques dans lesquelles il prend sa source; mais une foule de phénomènes accessoires peuvent le défigurer assez, dans certains cas, dans la plupart des cas, si l'on veut, pour qu'il soit difficile de le reconnaître.

Ainsi, dans la folie confirmée, le rêve, par sa vivacité, par la profondeur de l'empreinte que la modification organique à laquelle il se rattache a laissée dans le cerveau, ne peut plus être effacé par l'état de veille. Nous entendons que, dans le cercle de certaines idées ou par rapport à certains phénomènes de la sensibilité, le principe pensant est en état de rêve alors que, sous tous les autres rapports, il continue à être en état de veille; situation exceptionnelle d'où résulte ce mélange, inexplicable de toute autre manière, de faux et de vrai, de folie et de raison, cet état dans lequel l'être humain nous apparaît comme un composé hétérogène, bizarre, impossible, de deux êtres pensants, de deux individualités intellectuelles, complétement indépendants l'un de l'autre, en opposition l'un avec l'autre comme la vérité et l'erreur, ce qui est et ce qui n'est pas, une négation et une affirmation, sans influence, sans action aucune l'un sur l'autre.

Ces caractères se montrent parfois, et même se dessinent assez nettement, chez les individus qui ont, comme on dit, conscience de leur délire, ainsi qu'il arrive souvent au début et au déclin de l'aliénation mentale. Chez ces individus, le moi de l'état de veille n'est pas entièrement subjugué par le moi de l'état de rêve; avec la liberté des ses jugements, l'individu conserve son libre arbitre.

Dans le plus grand nombre de cas, malheureusement, c'est le contraire qui a lieu; éveillé (mais seulement en dehors du cercle de ses imaginations ou idées fixes), l'individu est abandonné, sans réserve, à la discrétion de ses rêves et de ses conceptions fantastiques, incapable de les distinguer de ses conceptions normales, c'est-à-dire puisées dans l'état de veille ; il pense, raisonne en conséquence, exactement comme si nulle modification n'était survenue dans le mécanisme, le jeu de ses facultés ; il est absolument *fou*.

La plupart des aliénés, en rendant compte de ce qu'ils éprouvent, ont coutume de dire : — Je suis bien éveillé, je n'ai pas rêvé ce que je vous dis là, etc..... — On s'est fait une arme de ces paroles pour combattre nos idées. C'est à tort. Les aliénés qui s'expriment de la sorte sont dans le vrai quant au raisonnement qu'ils fondent sur leurs convictions, aux conclusions qu'ils en tirent ; mais ils sont dans le faux, ils se trompent quant à ces mêmes convictions, à leur nature, à la manière dont elles se sont développées et ont pris racine dans leur esprit.

Qu'on les interroge, du reste, non plus lorsque le mouvement organique, l'ébranlement nerveux au milieu desquels sont nées leurs convictions délirantes, ont cessé ; mais lorsque ce mouvement, cet ébranlement durent encore, au commencement de la maladie, ou bien encore à ces époques de surexcitation si fréquentes dans le cours des affections cérébrales ; alors, d'après leur langage même, on acquerra bientôt la preuve que l'état mental dans lequel s'engendrent ces convictions et généralement tous les phénomènes du délire, diffère essentiellement de l'état ordinaire, c'est-à-dire de l'état de veille proprement dit, et n'est, en réalité, qu'une sorte d'*absence* (ce mot, pris dans le sens que l'on donne à certaines formes du vertige épileptique), de sidération des sens externes, de perturbation et de concentration de la sensibilité générale et de l'activité intellectuelle. — Ils étaient, disent-ils, dans un état extraordinaire, inexprimable, comme hébétés, ne pensant à rien ou ne pouvant lier ensemble deux idées,... et si vous insistez pour qu'ils précisent davantage, ce n'est qu'en se versant des mots *sommeil*, *rêve*, qu'ils croient se tirer d'embarras et pouvoir faire mieux comprendre ce qu'ils éprouvaient.

III.

« Dans les songes, les perceptions se retracent si vivement qu'au réveil on a quelquefois de la peine à reconnaître son erreur.

» *Voilà certainement un moment de folie.*

» Afin qu'on restât fou, il suffirait de supposer que les fibres du cerveau eussent été ébranlées avec trop de violence pour pouvoir se rétablir. Le même effet peut être produit d'une manière plus lente. »

« Il n'y a, je pense, personne qui, dans des moments de désœuvrement, n'imagine quelque roman dont il se fait le héros. Ces fictions, qu'on appelle des châteaux en Espagne, n'occasionnent, pour l'ordinaire dans le cerveau, que de légères impressions, parce qu'on s'y livre peu, et qu'elles sont bientôt dissipées par des objets plus réels dont on est obligé de s'occuper. Mais qu'il survienne quelque sujet de tristesse, qui nous fasse éviter nos meilleurs amis et prendre en dégoût tout ce qui nous a plu; alors, livrés à tout notre chagrin, notre roman favori sera la seule idée qui pourra nous en distraire. Les esprits animaux creuseront peu à peu, à ce château, des fondements d'autant plus profonds que rien n'en changera le cours : nous nous endormirons en le bâtissant ; nous l'habiterons en songe ; et, enfin, quand l'impression des esprits sera insensiblement parvenue à être la même que si nous étions en effet ce que nous avons feint, *nous prendrons, à notre réveil, toutes nos chimère, pour des réalités. Il se peut que la folie de cet Athénien qui croyait que tous les vaisseaux qui entraient dans le Pirée étaient à lui, n'ait pas eu d'autre cause.* »

On voudra bien me pardonner la longueur de cette citation, mais j'en trouverais difficilement de meilleure pour appuyer la doctrine que je défends ; elle est empruntée à un écrivain dont l'autorité en matière psychologique ne saurait être contestée, à

Condillac (1). La réflexion et l'observation intérieure ne sauraient être plus complétement d'accord pour établir l'identité du rêve et de la folie. Se défera-t-on enfin de cette vieille opinion que l'état de rêve ne saurait exister qu'avec l'état physiologique connu sous le nom de sommeil? Il y a rêve, je défie qu'on prouve le contraire, toutes les fois que, par une cause ou par une autre, sous quelque influence organique que cela arrive, la faculté pensante, repliée, pour ainsi dire, sur elle-même, ne s'exerce plus que par l'imagination, et que les yeux du corps, pour parler le langage des mystiques, se ferment, tandis que ceux de l'esprit restent seuls ouverts. Il n'est pas jusqu'à la simple préoccupation, suivant la remarque de Condillac, qui ne puisse, à l'égard de causes bien plus énergiques, déterminer dans l'organe de la pensée, une modification telle que le réveil sera impuissant à faire cesser le songe, « et que l'on continuera à prendre des chimères pour des réalités. »

## IV.

L'autorité de Condillac n'est pas la seule, il s'en faut, que nous puissions invoquer.

Suivant Boerhaave « l'origine des idées, dans le délire, ne répond pas aux objets extérieurs, mais *à la disposition interne du cerveau.* »

Sauvages, en commentant ces paroles de Boerhaave, s'exprime de la manière que voici :

« Le Créateur a fait dépendre les idées du flux et reflux du fluide nerveux qui est une espèce de vapeur électrique. »

Les songes ont lieu lorsque le fluide nerveux, cessant de se distribuer aux parties externes. « circule, au contraire, librement dans les fibres médullaires du cerveau qui répondent aux parties internes... » C'est ce qui arrive lorsque ce fluide « est

(1) *Essai sur l'origine des connaissances humaines*, sect. I^re, chap. IX.

retenu dans ce viscère par quelque affection de l'âme, telle qu'une peur ou une méditation profonde (1). »

Sans nous occuper plus que de droit du fluide nerveux, contentons-nous de voir le fait caché sous le voile de la théorie. Ce fait, c'est celui de la production des songes par la concentration de la sensibilité générale, concentration qui peut s'opérer sous l'influence d'une affection morale, d'une peur, d'une méditation profonde, c'est-à-dire, de causes qui, de l'avis de tous les psychiatres, sont les plus aptes à faire naître le délire.

Mais Sauvages devient plus explicite lorsqu'il cherche à rendre compte de ce qui se passe dans le délire ; je cite textuellement : « Cette maladie dépend, pour l'ordinaire, d'un vice du cerveau capable de tirailler ou secouer certaines fibres de l'œsther (*sens. com.*) d'où naissent dans l'esprit des idées déterminées qui ne répondent pas aux objets extérieurs, mais *qui sont la source de tous les appétits et de toutes les actions.*

» C'EST VÉRITABLEMENT UN SONGE DE CELUI QUI VEILLE. »

Est-ce assez clair ? Est-ce assez précis ? Sauvages n'est-il pas positivement d'avis qu'il y a délire, folie, lorsque des idées, des conceptions appartenant à l'état de rêve, retentissent jusque dans l'état de veille, au point d'influencer les appétits, les actions de l'individu ? Les considérations qui suivent achèvent de mettre cette pensée dans tout son jour, en envisageant sous toutes les faces, on peut dire dans toutes les phases d'évolution, le fait psychologique qu'elle traduit.

« Quand on est endormi, poursuit l'auteur, on ne peut pas éloigner les fantômes et corriger son erreur ; mais est-on éveillé, et a-t-on vu les objets ambiants et ceux qui faisaient l'objet du songe, on reconnaît son erreur comme si l'on était en parfaite santé. Dans la paraphrosynie, nous ne nous éveillons pas tout à fait ; mais l'impression qui se fait dans notre sensation est si vive

(1) Sauvages, *Nosologie méthodique*, p. 325.

que nous ne pouvons pas rejeter l'idée qui en résulte ; et c'est parce qu'elle nous affecte fortement que nous avons des désirs, des aversions, que nous formons des jugements et que nous dirigeons toutes nos actions. »

Ce sont bien là, en effet, les symptômes initiaux de toute aliénation d'esprit. Il est peu de malades qui, au début, ne luttent avec plus ou moins de succès, contre leurs fausses convictions, ne cherchent à les redresser par des impressions réelles. — A chaque instant, répètent-ils sans cesse, je me demandais *si je ne rêvais pas, si j'étais bien éveillé.* — Alors, le raisonnement peut avoir sur eux quelque prise ; tout simplement parce que les paroles qu'on leur adresse, en frappant leur attention, suspendent momentanément l'état de rêve (*somniatio*, — J. Frank) qui les envahit, et les ramène à la vie réelle. Et c'est pour le dire en passant, ce qui explique comment le traitement moral, le pur raisonnement, peuvent avoir quelque utilité dans certains cas de *convalescence* où l'on voit se reproduire l'état psycho-cérébral dont je viens de parler.

Poursuivons nos citations : « Il n'y a personne, continue Sauvages, qui, frappé de terreur en dormant, ne chasse peu à peu ses idées, s'il vient à s'éveiller ; mais s'il s'endort derechef, ces idées reviendront à son esprit. De sorte que, dans l'espace d'une heure, il éprouvera plusieurs fois cette alternative entre le songe et la liberté. »

Les paroles qu'il nous reste à citer méritent une attention particulière. L'intensité croissante du mal ou de la cause morbifique finit par mettre fin à la lutte, les conceptions de l'état de rêve persistent pendant la veille ; elles s'imposent même au moi comme des conceptions normales, l'individu *rêve* toujours, mais alors il est éveillé, *il rêve tout éveillé.* « Si les vaisseaux sanguins d'un fébricitant sont tellement engorgés qu'il ne puisse se défaire d'une idée bien gravée dans sa mémoire *et qui l'emporte sur toutes les impressions qui viennent du dehors : il verra en vain les objets extérieurs*, ou ne les verra qu'en passant, et retombera bientôt dans son assoupissement, même pendant le jour. »

V.

« Notre esprit, dit Virey (1), a trois principaux états : 1° Celui de la vie ordinaire qui emploie l'âme et le corps; 2° celui du rêve *ou du délire*, qui occupe principalement les facultés sensitives du corps ; 3° enfin, l'état de méditation extatique dans lequel l'âme agit presque seule. »

L'opinion émise par Virey, concernant l'état de rêve, est celle de tous les auteurs en général. Pour tous il est évident que, dans cet état, il y a concentration de l'activité individuelle qui ne s'alimente plus que des impressions reçues pendant l'état de veille. « Lorsque nous sommes prêts à nous endormir, dit encore le même auteur, l'esprit se replie, les idées se séparent et s'arrondissent en quelque sorte... »

D'autres causes que celle du sommeil peuvent amener cette concentration, refouler l'âme en elle-même, l'isoler des objets extérieurs, lui constituer une existence indépendante de ces objets. Virey a entrevu cette vérité; il lui semble même qu'il ne lui restait plus qu'à la développer, car il a assimilé au rêve le *délire* et la *méditation extatique*, qui n'est qu'une forme particulière du délire.

Rêve, délire, extase, sont donc une seule et même chose résultant de la concentration des facultés intellectuelles, de leur action isolée, indépendante des sensations extérieures.

Il semble impossible (ceci est digne de remarque) que, lorsqu'on s'occupe de l'état de rêve, qu'on étudie ses causes, sa nature, on ne soit pas entraîné à l'assimiler, à le confondre avec le délire, et que les réflexions que suggère le premier de ces états ne soient pas applicables au second. Cette observation, il n'est pas d'auteur dont la lecture ne la fasse naître.

---

(1) *L'art de perfectionner l'homme*, t. II, p. 212.

Cela, du reste, est facile à expliquer :

Qu'on se donne la peine d'y réfléchir, on se convaincra facilement qu'il n'y a que deux conditions d'activité dans lesquelles l'âme puisse se trouver : celle de l'état de veille et celle du rêve. Imaginez, si vous pouvez, une pensée délirante qui ne soit pas une pensée de rêve, *et vice versa*. Voyez si l'une et l'autre ne s'identifient pas par ce caractère fondamental, essentiel : isolement, indépendance d'action absolue, sans nul rapport avec la raison, la vie morale commune.

En effet, admettez le moindre de ces rapports, l'individu ne saurait être considéré comme véritablement aliéné ; il est menacé de le devenir, mais la raison n'est pas encore subjuguée, en d'autres termes : la personnalité flotte indécise entre les impressions intérieures et les impressions du dehors, le moi ne s'est pas encore transformé ; en d'autres termes encore, le sommeil n'a pas encore vaincu, n'a pas anéanti la vie extérieure ou réelle pour ne laisser subsister que celle de l'imagination.

Ou bien l'individu juge mal ses rapports naturels avec le monde extérieur ; il est simplement dans l'erreur, c'est-à-dire qu'il lui est toujours possible de rectifier ses jugements, de rentrer dans la vérité.

Ou bien, chez lui, la faculté pensante est trop peu développée pour qu'il puisse y avoir échange, communion d'idées avec ses semblables mieux doués que lui ; il est idiot ou imbécile.

Dans tous ces cas, l'individu n'est séparé de ses semblables par aucune différence intellectuelle, radicale ; il n'y a d'eux à lui qu'une différence de plus ou de moins. Il est toujours en état de veille ; il s'appartient toujours à lui-même.

Ce n'est que dans la vie du rêve comme dans le délire que son individualité sera transformée, qu'il vivra d'une autre vie.

## VI.

La folie comme le rêve, nous l'avons déjà dit plusieurs fois, implique une véritable transformation du moi ou de la personnalité. Il est des cas où cette transformation est évidente, où la ligne de démarcation entre la vie de la veille et celle du rêve est on ne peut plus tranchée. Il est des aliénés, par exemple, dont toute la période d'existence, antérieure à l'invasion de leur délire, ne reflète pas trace de ce délire. Le mal a véritablement partagé leur vie en deux, comme il a dédoublé leur individualité.

J'ai eu longtemps dans mon service, un jeune homme nommé Eugène B..., âgé de vingt et un ans qui, un matin, après une nuit d'insomnie et à la suite d'une légère congestion cérébrale, tout à coup se persuada qu'il était le prince de Joinville. Eugène ne reniait pas, pour cela, sa véritable origine, son humble parenté, sa profession (il était scieur de long); mais il affirmait, en même temps, qu'il était le fils du Roi. Non pas, qu'on le remarque bien, qu'il fût en démence et incapable de comprendre la portée de ses paroles; il était plutôt intelligent. Vingt fois j'essayai de lui faire sentir ce que deux affirmations, dont l'une détruisait l'autre, avaient d'absurde ; qu'il était impossible qu'il eût été d'abord un tel, fils d'un tel, et, plus tard, le prince de Joinville, etc. Eugène ne répondait rien, sinon : Vous ne comprenez pas cela, je ne le comprends pas mieux que vous et pourtant cela est.

Pour mieux tenter sa conviction délirante et lui laisser prendre, pour ainsi dire, son développement naturel, j'ajoutais : — Sans doute, vous avez été changé en nourrice; plus tard, à certains signes, on vous aura reconnu, etc?... Eugène ne niait pas que cela eût pu avoir lieu, en effet, mais en même temps, il assurait que ces idées ne lui étaient jamais venues et qu'il n'y ajoutait encore aucune espèce de créance.

Remarquons qu'il en est ainsi, à peu près, de toutes les convictions ou idées fixes; ce dont on s'aperçoit facilement lorsqu'on presse les malades de s'expliquer ; on vient vite à bout de les enfermer dans un cercle infranchissable dont ils ne peuvent sortir que par l'absurde. Ils le savent, parfois, le plus souvent même, ils tentent de le rompre par quelques raisonnements captieux ; ils ne peuvent en venir à bout ; vous les serrez de plus près ; vous les croyez vaincus, vous voyez déjà sur leurs lèvres l'aveu de leur erreur... Vain espoir ! ils vous échappent en laissant entre vos mains leur bon sens et leur logique... — On ne peut être tout à la fois deux personnes différentes, disais-je à B... ? — Cela me paraît juste. — Donc si vous étiez Eugène B..., vous n'êtes pas le prince de Joinville ? — Tout de même ; j'ai été Eugène B... et je suis actuellement le prince de Joinville.

Il est clair qu'il y a ici plus qu'une conviction ordinaire. — que les choses ne seront pas mieux éclaircies en attribuant, comme on le fait ordinairement, à cette conviction, une ténacité extraordinatre. Ce que l'on appelle conviction, n'est autre chose, chez l'aliéné, qu'une véritable transformation du moi ; autrement comment comprendre que le même individu dont le bon sens cède à vos raisonnements sur une foule de points, y soit complétement inaccessible sur tel ou tel autre? Il faut donc reconnaître deux êtres en lui, deux personnalités dont l'existence se révèle dans les moindres actes intellectuels des fous, et ces deux êtres ne peuvent être que ceux de la veille et du rêve. — L'homme moral ne saurait se *dédoubler* d'une autre manière. De l'accouplement hétérogène de ces deux êtres résulte l'homme aliéné ; c'est toujours à cette conclusion psychologique qu'il faut en venir.

## VII.

Les jugements que porte l'aliéné (dans les limites de son délire, bien entendu), sont, comme tous les autres actes intellectuels, involontaires et forcés. Rien ne démontre mieux l'impossibilité où il est de suspendre son jugement que son impuissance absolue à le réformer, à le corriger en cédant à des raisons quelconques et à l'évidence même. Cette fatalité de jugement constitue, à proprement parler, l'essence même du délire.

Or cette fatalité ne peut provenir que d'une chose : de l'isolement des pensées dont l'état de rêve nous offre le type.

« Pour éclaircir ce point, pourrions-nous dire ici, avec un illustre philosophe, concevez un enfant qui se représente un cheval et ne perçoit rien plus. Cet acte d'imagination enveloppant l'existence du cheval, et l'enfant ne percevant rien qui marque la non-existence de ce cheval, il apercevra nécessairement ce cheval comme présent, et ne pourra concevoir aucun doute sur la réelle existence, bien qu'il n'en soit pas certain. » Puis cherchant un exemple, le même philosophe le trouve... dans l'état de rêve ! « Il nous arrive, dit-il, tous les jours quelque chose d'analogue dans les songes; et je ne crois pas que personne se puisse persuader qu'il possède, tandis qu'il rêve, le libre pouvoir de suspendre son jugement sur les objets de ses songes, et de faire qu'il ne rêve point, en effet, ce qu'il rêve (1). »

Ces paroles sont rigoureusement applicables au délire. C'est qu'apparemment le mécanisme de l'action mentale est le même dans les deux cas; et pour se faire une idée exacte de l'irrésistibilité de nos convictions dans le délire, il suffit de nous rappeler ce qui se passe dans nos rêves.

## VIII.

« ... Nulle fiction ne peut être simple, mais elle est toujours composée d'idées diverses, confuses, empruntées à des sujets et à des actions diverses qui existent dans la nature; ou mieux, *elle est le résultat de l'attention embrassant ensemble*, SANS AUCUN ASSENTIMENT DE L'ESPRIT, *toutes ces diverses idées* (2). »

L'aliéné ne vit que de fictions; ses convictions délirantes ne sont que des fictions plus ou moins extravagantes, plus ou moins

(1) Spinoza, *Éthique*, p. 95, édition Charpentier.

(2) Spinoza, *Réforme de l'entendement*, p. 207, édition Charpentier.

étrangères à la réalité, et auxquelles, hâtons-nous de le dire, la maladie a attaché un caractère distinct, particulier, mais qui ne change absolument rien à leur origine.

La manière dont Spinoza explique cette origine caractérise, d'une manière précise, le fait psychologique que nous regardons comme la source de tous les phénomènes du délire. N'est-ce pas, sous une autre forme, désigner par des termes différents le *fait primordial* dans lequel l'attention se trouve distraite, irrésistiblement accaparée par telle ou telle idée ou combinaison d'idées, exclusivement à toute autre, sans l'assentiment libre du moi?

Que, si nous cherchons à pénétrer plus avant dans la pensée du philosophe que nous venons de citer; si nous lui demandons quelle portée psychique il attribue à cet acte de l'entendement qu'il désigne sous le nom de fiction, sa réponse sera conçue en tels termes qu'il sera impossible de douter un seul instant que sa manière de voir concernant le délire ne soit identique avec la nôtre. Voici cette réponse: « Remarquez bien, ajoute Spinoza dans une note, que la fiction ne diffère du songe que par cela seul que, dans les songes, nous n'apercevons pas les causes extérieures que nous apercevons par les sens dans la veille. C'est de là que l'on conclut que les représentations qui se produisent dans le sommeil ne se rapportent pas à des objets extérieurs à nous. Nous verrons que *l'erreur n'est que le songe d'un homme éveillé; à un certain degré,* ELLE DEVIENT LE DÉLIRE. »

## IX.

Aucun auteur, soit parmi les anciens, soit parmi les modernes, n'a, autant que Van Helmont, approché de la vérité concernant la nature du délire.

Voici quelques paroles que je crois devoir transcrire ici comme venant à l'appui des idées émises dans les paragraphes qui précèdent.

« Primus amentiæ gradus in somno elucet. Somni naturalis » excentricitates, vitia, defectus, ac expressæ dementiæ, sunt » sopores omnes (1). »

Ainsi donc, au sens du célèbre médecin flamand, il n'y a aucune distinction à faire entre la folie (*amentia*) et les rêves, qui sont la conséquence soit du sommeil naturel, soit de celui provoqué par des causes morbifiques (*excrementitiis sordibus*) et qu'il nomme *sopor*. Les causes diffèrent ; dans le sommeil naturel, l'âme semble se renfermer avec délices dans sa demeure habituelle où elle trouve le repos et une douce distraction. « *Honestæ recreationis et vacationis titulo, se immergit cum voluptate quietis, in proprium hospitium.* » Tandis que ce n'est que par continuité ou séduction qu'elle s'abandonne à l'autre espèce de sommeil : — « *Ab alienis impuritatum imposturiis seducta, vel superata.* » Quoi qu'il en soit, les résultats sont les mêmes : l'exercice désordonné de la faculté pensante, ses extravagances, ses excentricités qu'un seul mot résume, folie, *amentia.*

## X.

Tout acte de la faculté pensante accompli sans l'assentiment libre et spontané du moi appartient à l'état de rêve.

Descendons en nous-même, et jugeons : Dans cet acte *involontaire*, il y a eu comme dans les autres un moi, une conscience intime ; sans cela, bien évidemment, il n'aurait fait que traverser l'intelligence sans laisser de traces, sans laisser dans la mémoire nul vestige capable de le rappeler à l'esprit ; or, un pareil acte, de quelque manière qu'on l'envisage, quelque origine qu'on lui reconnaisse, quelle qu'ait été sa durée, il est impossible de ne pas le rapporter à l'état de rêve. Le songe commence là où cesse la liberté de diriger nos pensées. La liberté, c'est la conscience intime, la pensée se possédant elle-

(1) *Demens idea*, p. 30-31.

même, réfléchie, en communion avec les pensées d'autrui. L'esprit ne peut agir en dehors de cette liberté sans revêtir, en quelque sorte, une existence toute nouvelle, indépendante, sans rapport aucun avec la précédente. Une nouvelle vie succède à l'autre et la remplace. C'est inévitable; l'esprit ne peut quitter son état ordinaire ou de veille sans entrer dans l'état de rêve ; la supposition de tout autre état l'anéantit ou du moins suspend son action, comme cela a lieu dans le sommeil profond, le coma, etc.

Cette vérité se comprend sans difficulté, si l'on en fait l'application aux convictions délirantes. Peut-être n'en est-il pas tout à fait ainsi lorsque le trouble intellectuel se rapporte, ou du moins semble se rapporter aux sensations extérieures.

Il n'est donc pas inutile d'élucider encore la question. Nous ne sommes point maîtres absolus de nos idées; cela ne fait aucun doute, du moins quant à celles qui résultent du jeu de la mémoire et de l'imagination.

Il est vrai que nous sommes libres ou, ce qui est synonyme, que nous avons le pouvoir d'arrêter notre esprit, de concentrer notre attention sur telle idée de préférence à telle autre, mais c'est tout; nous n'en évoquons aucune, au moins d'une manière directe, nous ne les créons pas.

Il résulte de ceci que tout acte de mémoire ou d'imagination est nécessairement, et de sa nature, *involontaire ;* et si cela est dans l'état normal, il est inexact de dire que, par suite d'un état morbide quelconque, l'*exercice*, l'action de ces facultés devient *involontaire*. Il n'en est jamais et il n'en saurait être autrement.

Ce n'est donc pas là qu'il faut chercher l'origine psychique du phénomène morbide qui est l'indice du dérangement de ces mêmes facultés. Cette origine est ailleurs : elle est dans l'adhésion forcée que donne l'individu aux idées fournies par la mémoire et l'imagination ; dans la puissance d'entraînement que ces idées exercent sur le moi, appelant à elles exclusivement l'attention, concentrant sur elles la conscience intime, et cela comme l'a dit Spinoza, « *sans aucun assentiment de l'esprit.* »

C'est revenir, comme on voit, à la modification psychique qui, nécessairement, se trouve au fond de tout désordre intellectuel, de toute perversion mentale, qu'elle se rapporte au jugement, à la mémoire, à l'imagination; tout comme c'est revenir à la métamorphose de l'individualité, à la transformation du moi, dont l'état de rêve est le type ou cette modification à son plus complet développement.

Veut-on de la vérité de ces propositions une démonstration expérimentale tout à la fois et théorique?

1° Lorsque l'on commence à ressentir les effets du délire provoqué artificiellement, exactement comme au début du sommeil, on s'aperçoit que l'imagination devient de plus en plus vagabonde, de plus en plus indépendante; mais, en même temps, tant que la conscience intime n'a pas lâché tout à fait les rênes, on n'est jamais dupe de ces impostures; qu'au contraire, si cela arrive, vous avez la conviction parfaite que ce n'a été que par suite de la perte momentanée de la conscience. Il n'y a donc eu, ici, d'*involontaire*, de *nécessité*, qu'une conviction fausse se rattachant à un acte de la mémoire ou de l'imagination; laquelle conviction équivaut nécessairement à une sensation, parce qu'en ayant cette conviction l'esprit est dans de telles conditions psychiques qu'il est impossible qu'il puisse redresser son erreur et se refuser à croire vrai, réel, ce qui n'est que le produit de sa faculté mémorative ou d'imagination.

2° Il est un fait de délire des facultés mémorative et d'imagination dont l'exacte appréciation analytique rend plus évidente encore la vérité de notre opinion; je dis exacte, attendu qu'une appréciation superficielle conduit nécessairement à des conclusions précisément opposées aux nôtres. Voici ce fait :

Il se rencontre des individus qui ont le pouvoir de s'halluciner à volonté; en concentrant avec force leur attention sur un objet quelconque, cet objet finit par se montrer à eux sous les. mêmes apparences qu'à l'état normal.

Si l'on s'en tient, ainsi que je le disais, à un examen superficiel de ce phénomène psychologique, loin d'avoir recours pour l'expliquer à la perte du libre arbitre, on sera bien plutôt porté à le regarder comme le résultat de la volonté et de l'attention portée à son plus haut degré d'énergie et de puissance.

Cela tient à ce que l'on ne se rend pas compte des conditions ou circonstances psychologiques les plus importantes qui concourent à la production de l'état morbide, de la lésion mentale dont il s'agit. Il y a là un problème à résoudre dont les principaux éléments font défaut. L'observation intime pourrait seule les faire découvrir, et cette observation s'est tue jusqu'à ce jour, nul ne l'ayant encore interrogée.

Action énergique de la volonté qui s'efforce de concentrer toute l'attention sur un objet déterminé dont la mémoire ou l'imagination lui fournit l'image ; puis apparition de cette image sous la forme sensorielle : deux phases du phénomène, les seules dont l'observation ordinaire puisse prendre connaissance.

Mais il en est une troisième, intermédiaire aux deux autres, laquelle est restée inconnue et qui, pourtant, est la cause immédiate du délire ; c'est celle d'excitation, ou, pour ne point nous servir d'une expression qui rend mal notre pensée, celle pendant laquelle le trouble croissant, le tourbillonnement des idées finit par arracher l'individu à lui-même, *transforme son moi* et introduit ainsi, dans l'état de veille, un phénomène de l'état de rêve.

Les efforts de la faculté pensante pour ramasser, en quelque sorte, toute son énergie et la projeter sur un seul point, il ne faut pas chercher ailleurs la cause de ce trouble organo-psychique, qui n'est autre que le fait primordial.

On comprendra, du reste, que les choses se passent de la manière que je viens de dire, si l'on tient compte des quelques considérations qui suivent :

1° Il est peu d'hommes d'étude qui n'aient éprouvé par eux-mêmes les effets d'une contention d'esprit plus ou moins prolongée et soutenue : Sentiment de fatigue, d'appesantissement, de vague, d'incertitude, d'hésitation dans l'union de la pensée, la difficulté croissante de diriger à notre gré, nos idées, etc.

Si l'on veut chercher du soulagement dans le sommeil, le sommeil fuit, ou bien il est singulièrement troublé par l'évocation fantasmagorique des mêmes idées contre lesquelles vous lui aviez demandé un abri ; l'ébranlement cérébral continue au sein de la sédation complète de tous les sens.

Je connais quelques personnes qui, pour parer à cet inconvénient, sont dans l'habitude, avant de se mettre au lit, de faire un violent exercice physique, de sauter, de danser, de faire des armes, etc. Il semble qu'elles se débarrassent ainsi du trop-plein d'excitation intellectuelle que la contention d'esprit avait fait naître.

2° Un travail intellectuel opiniâtre peut avoir, pour la raison, des effets beaucoup plus désastreux et provoquer immédiatement le délire. La plupart des auteurs en ont cité des exemples.

L'hallucination est un des phénomènes les plus fréquents du délire ; je parle ici d'une manière absolue, sans distinction des phases ou périodes du délire dans lesquelles elle apparaît le plus ordinairement. — En conséquence, il est au moins infiniment probable que lorsqu'elle se produit, les mêmes conditions psychologiques ont été son point de départ, la cause déterminante étant la même.

Pour l'halluciné, *volontaire* ou non, on est donc forcé d'admettre qu'il y a eu délire (perte de conscience, transformation du moi, état de rêve), délire instantané, rapide comme la pensée, comme un vertige épileptique, mais réel.

## XI.

La suspension de la conscience intime, quelque courte qu'on

la suppose, établit une sorte de lacune, une véritable solution de continuité dans la vie des individus.

Elle existe dans le sommeil que, pour cette raison, on a justement assimilé à une mort passagère.

La mémoire vient renouer les rapports interrompus, le passé au présent, mais sans combler le vide qui s'est fait momentanément dans l'existence.

On pourrait dire qu'il en est de celui qui sommeille comme d'un pendule à l'état de repos, et qui est suceptible d'osciller de nouveau sous la plus légère impulsion parce que les rouages qui le mettaient en mouvement sont restés intacts. La mort pourrait être représentée assez fidèlement par l'état de ce même pendule, que la destruction des rouages aurait mis pour jamais hors d'état de se mouvoir. Le temps n'existe que relativement à la succession de nos pensées.

Il résulte de tout ceci que l'impression produite sur la faculté pensante par la perte de conscience, est la même, quelle qu'ait été sa durée. Que chacun se rappelle ce qu'il ressent au moment où il s'éveille : quelque temps qu'il ait passé dans le sommeil, l'état de son esprit est le même ; c'est le sentiment d'une nouvelle existence dont la mémoire fournit les premiers matériaux. Dans ce cas, il est vrai de dire qu'il n'y a aucune différence entre une seconde et un siècle ; et si un individu venait à ressusciter après plusieurs milliers d'années, ses premières impressions ne différeraient pas de celles qu'il eût éprouvées s'il n'eût cessé d'exister que depuis quelques heures (1).

Que se passe-t-il lorsqu'un individu dont le délire a transformé ou, ce qui revient au même, anéanti le sens intime, revient à la raison après dix, quinze, trente ans de maladie?

---

(1) Le roi de Prusse, dans une de ses lettres à Voltaire, exprimait la même pensée, mais sous une forme différente, en disant : « ... Dès que le mouvement de la machine s'arrête, il est égal d'avoir vécu six siècles ou six jours. . » (Voltaire, *Correspondance*, t. III.)

Exactement ce qui aurait lieu s'il s'éveillait après quelques heures de sommeil : il est surpris de ne pas retrouver tout dans le même état qu'au moment même où il a été frappé de folie. Ses yeux cherchent les mêmes objets, ses affections les mêmes personnes; tout ce qui l'entoure, les choses, les mêmes personnes au milieu desquelles il vit depuis tant d'années, il les voit pour la première fois, ou il ne se rappelle que confusément de les avoir vues. Il a grand peine à reconnaître ses enfants dans les hommes faits ou adultes qu'on lui présente; il n'est pas bien sûr de lui-même. — D'où viennent ces rides, ces cheveux blancs, ces signes de vieillesse?...

Tous les médecins d'aliénés ont été témoins de ces sortes de résurrections.

Pour l'aliéné comme pour celui qui était plongé dans le sommeil, le réveil est le même; les mêmes accidents psychiques marquent le passage du sommeil à la veille et le retour de la folie à la raison.

## XII.

De tout temps on a fait la remarque que certains individus étaient particulièrement disposés à rêver toujours des mêmes choses. Ce sont les femmes enceintes, celles qui sont sur le point d'avoir leurs règles, les chlorotiques, les individus prédisposés aux congestions cérébrales, aux apoplexies, les ivrognes, les rhumatisants, les goutteux, les hémorrhoïdaires; sont encore de ce nombre généralement tous ceux dont l'âme est en proie aux agitations de la crainte, de l'espérance, de l'amour, de la haine, des passions de toute sorte.

Une autre remarque a été faite, c'est que les songes, quand ils sont fréquents, tenaces, en rapport avec des objets à peu près toujours les mêmes, sont trop souvent des signes avant-coureurs de la folie. Ces remarques sont justes; en a-t-on tiré quelque conséquence au point de vue de l'étiologie, de la nature du délire? Aucune que je sache.

En résumé : ceci revient à dire que les mêmes conditions organiques qui prêtent au développement des rêves, sont une prédisposition au délire. Rêves et délire se confondent à leur origine.

Peut-on se refuser à voir là, dans ces rapports, dans cette liaison entre les deux ordres de faits, une preuve de l'identité de leur nature ?

Y a-t-il autre chose que du plus ou du moins ? Les conceptions délirantes sont-elles autre chose que des conceptions de l'état de rêve exagérées, plus vives, plus tenaces ?

Pour les unes et pour les autres, les mêmes influences organiques, physiques et morales, ont été la cause excitante, génératrice ; elles n'ont varié que d'intensité ; après avoir produit l'état de rêve elles ont engendré le délire, et l'on a plus d'un exemple que, même quant à la forme, à la couleur pour ainsi dire des idées, rêve et délire ont présenté les mêmes caractères ; rien n'était changé dans l'individu, si ce n'est qu'il avait pu renouer ses rapports avec le monde extérieur pour tout ce qui était hors de la sphère de ses pensées délirantes.

Telle personne avait constamment joui de la meilleure santé, un refroidissement subit, une émotion vive viennent suspendre brusquement l'évacuation menstruelle. Insensiblement, elle éprouve un malaise général, des lassitudes, des frissons sans fièvre, de la compression aux tempes ; ses nuits ordinairement calmes sont troublées par des rêves, presque toujours les mêmes. A son réveil, elle a peine à se remettre des émotions que ces rêves lui ont causées, elle est poursuivie par les mêmes idées; elle cherche à s'en distraire, à se *raisonner*, comme on dit vulgairement. Vains efforts ! Au milieu de la conversation la plus animée, la plus faite pour détourner son attention, elle se surprend à chaque instant, absorbée exclusivement par les mêmes idées; la fixité, le vague de ses yeux trahissent la préoccupation dont elle ne sort qu'à la manière des gens qui s'éveillent brusquement..... Jusque-là, les conceptions de l'état de rêve n'ont pu faire prendre le change à la conscience et faire taire les suggestions contraires qui lui viennent du monde extérieur. Bientôt elles s'imposent à elle d'une manière absolue et entraînent dans leur sphère la faculté pensante avec la même puissance que ces principes auxquels on a donné le nom d'*axiomes ;* le rêve, alors, aura revêtu la forme du délire.

Est-ce à dire pour cela qu'il a changé de nature ?

Une remarque à propos de ce qui vient d'être dit.

Dans l'étude du délire ou de la folie, comme en toutes choses, ce n'est qu'en procédant par voie analytique que l'on peut espérer arriver à découvrir la vérité. C'est en décomposant les objets, en isolant leurs parties, en étudiant séparément les diverses phases de leur développement, qu'on parvient à comprendre l'ensemble, la nature vraie des phénomènes.

Pris d'emblée, pour ainsi dire, étudié à l'époque où son évolution est complète, le délire est et demeurera toujours incompréhensible.

A cette époque, le malade est tout entier sous l'influence de ses idées, de ses conceptions délirantes ; il est devenu incapable le plus souvent de les distinguer des actes les plus réguliers de son intelligence, presque aussitôt après que l'excitation physique et normale qui les a accompagnées à leur origine a cessé ; il a été forcément dupe de ses illusions, dès qu'il ne lui a plus été possible d'en apercevoir le mécanisme. Cela est vrai tout aussi bien de celui qui, en dehors de l'état aigu ou d'excitation dont je parlais à l'instant, croit pouvoir et paraît être en mesure de rendre compte de son état, que des autres malades en général. La preuve de ce que j'avance, c'est que si l'on demande à ce même individu des renseignements sur ce qu'il a éprouvé lors de l'invasion de ses conceptions délirantes, ou même lorsque, pendant le cours de la maladie, l'état aigu s'est reproduit, comme cela a lieu fréquemment, on remarquera tout d'abord que sa manière d'expliquer l'idée qu'il s'en fait lui-même diffère considérablement de la manière dont il en rend compte plus tard.

Dans l'état aigu, soit primitif, soit périodique, la plupart des malades ne croient jamais pouvoir mieux caractériser leur idée délirante qu'en se servant du mot *rêve* ; c'est un rêve qui les poursuit, dont ils cherchent vainement à se débarrasser. Et, au fur et à mesure que l'agitation s'apaise, ils sont de moins en moins en état de faire une distinction entre leurs conceptions délirantes et leurs conceptions normales, entre leurs pensées engendrées dans l'état de rêve, et celles conçues dans l'état de veille ; ils s'y abandonnent sans réserve, l'erreur est absolue, irrémédiable. En vain, alors, vous essayez de rappeler leurs souvenirs, de les éclairer sur l'origine, la nature de leur délire, leur faire comprendre qu'ils s'en laissent imposer par des *rêves*, qu'ils ont rêvé ce qu'ils disent ; ils répondent qu'ils ne rêvent pas, qu'ils sont parfaitement éveillés, la preuve c'est qu'ils conversent avec vous et qu'ils ne dorment pas, etc.

De là l'erreur où l'on tombe concernant la nature vraie des pensées délirantes, erreur d'autant plus répandue et d'autant plus accréditée qu'elle se fonde sur le dire même des malades.

## XIII.

Il est une faculté par laquelle l'être moral semble pour ainsi dire se matérialiser. Sentir est un phénomène d'un ordre mixte, qui semble jeté comme un pont de communication sur cet abîme insondé qui sépare le monde physique du monde intellectuel.

Sentir, c'est d'abord le mouvement, la vibration intime *imprimée* par un agent extérieur, matériel, à nos organes ; c'est aussi, déjà, un acte de l'être pensant qui a *perçu* l'impression.

L'action physique est arrivée jusqu'au moi qui l'a *comprise* et paraît s'être identifié avec elle.

« La sensibilité physique, dit Cabanis (1), est le dernier terme auquel on arrive dans l'étude des phénomènes de la vie

(1) *Rapports du physique et du moral de l'homme*. Paris, 1844, in-8, § III

et dans les recherches méthodiques de leur véritable enchaînement. »

Avant de percevoir, de comparer, de se souvenir, etc., on a senti.

En d'autres termes, la sensibilité est le point de départ de toutes les manifestations intellectuelles.

De quelque manière que s'opèrent ces manifestations, leur point de départ reste le même ; cela ne change rien à sa nature.

Conséquemment, s'il survient des changements, des anomalies dans ces différentes fonctions, évidemment ce n'est pas à elles qu'il faut s'en prendre, mais uniquement au phénomène primordial d'où elles tirent nécessairement leur origine.

C'est ainsi qu'on arrive à chercher *à priori* dans la *sensibilité* la source primitive, la cause première des désordres qui surviennent dans l'exercice des fonctions mentales.

« Si la manifestation régulière de l'exercice de nos facultés, dit l'un de nos phrénopathes les plus distingués (1), a pour point de départ l'état normal en harmonie de la sensibilité, celle-là doit être primitivement lésée dans l'aliénation mentale, dont les phénomènes principaux sont des anomalies de la perception, de l'attention, de la mémoire, de l'imagination et de la volonté. »

Les modifications de la sensibilité, ou si l'on veut, sa lésion, voilà la source nécessaire des délires, *mali labes*. Cette proposition repose sur les données les plus claires et les plus précises de la physiologie intellectuelle.

Ces investigations peuvent être poussées plus loin. Il y a encore lieu de s'enquérir en quoi consistent ces modifications de la sensibilité, comment elles produisent le délire.

On distingue généralement trois sortes d'opérations de la sensibilité : « La première se rapporte aux organes des sens ; la seconde aux parties internes ; ... la troisième à l'organe céré-

---

(1) Renaudin, *Quatrième rapport sur le service des aliénés de Fains*, pour l'année 1845.

bral lui-même, abstraction faite des impressions qui lui sont transmises par les extrémités sentantes, soit internes, soit externes. »

Tant que ces opérations, par une juste répartition de la sensibilité, telle que l'assure l'état physique des organes, ne se nuisent pas les unes aux autres ; tant que la source intérieure de la sensibilité peut fournir également, pour ainsi dire, à ces trois modes de manifestation, l'état normal subsiste, c'est-à-dire que l'être pensant est tout à la fois en rapport avec le monde extérieur et avec lui-même. Il a, par exemple, conscience de ce qui est en lui et hors de lui ; l'existence morale est complète, le moi étant tout à la fois, comme diraient les psychologistes allemands, *subjectif* et *objectif*.

Mais si, en vertu d'une cause quelconque, la sensibilité est plus vivement sollicitée par les impressions nées au sein même de l'organe de la pensée, attendu qu'elle ne saurait être partout à la fois, et qu'il est vrai de dire d'elle comme du fluide sanguin : *ubi stimulus, ibi fluxus*, elle s'y concentre et cesse de répondre aux sollicitations moins puissantes venues de l'extérieur par le canal des sens.

Dès lors toutes les opérations intellectuelles, toute l'activité du *moi* se renferment dans le cercle des perceptions intérieures, et il est évident que cela doit s'entendre des actes les plus simples, les plus élémentaires de l'être moral, tout aussi bien, et mieux encore sans doute, que des actes les plus complexes des simples perceptions comme des jugements et des raisonnements les plus compliqués.

Il ne faut pas l'oublier, et l'on ne saurait trop s'en bien pénétrer, les facultés morales, le *moi* qui les résume toutes ne peut être atteint que dans son mode particulier de manifestation qu'on nomme *sensibilité ;* conséquemment les modifications qu'elles peuvent subir sont nécessairement de la même nature pour elles toutes, qu'elles s'appellent perception, imagination, jugement, etc.

Que si l'on veut maintenant creuser un peu plus avant la question, si l'on se demande dans quel état relatif se trouvent alors les facultés, on reconnaîtra de suite que cet état considéré en lui-même est identique avec celui qui fait naître le sommeil à l'état de rêve.

Dans les deux cas, en effet, il y a concentration, accumulation sur un seul point de la sensibilité qui peut être employée tout entière, et au détriment des autres, à l'une des trois opérations que nous énumérions tout à l'heure.

Assurément les causes organiques des phénomènes diffèrent entre elles ; car, dans le premier cas, elles sont artificielles, ou, si l'on veut, pathologiques, tandis que, dans le second, elles font partie des lois mêmes de l'organisme, elles sont physiologiques ; mais on sent que cela ne change rien à la nature intrinsèque des phénomènes dont, après tout, la cause première, immédiate (la surexcitation et partant la concentration de la sensibilité), est essentiellement la même.

Il y a dix ans, l'observation intérieure, c'est-à-dire l'appréciation par la conscience intime du fait primordial et des phénomènes fondamentaux du délire nous avait conduit aux mêmes résultats touchant la nature essentielle des désordres de l'intelligence. Nous tenions à prouver que l'on pouvait également y arriver par une autre voie, nous voulons dire par l'analyse des opérations de l'âme, soit à l'état normal, soit à l'état pathologique, par une étude attentive de la manière dont se comportait, dans les deux cas, la sensibilité, ce fait primordial, ce *punctum saliens* des facultés intellectuelles.

A ce propos, qu'on me permette encore quelques réflexions dont la justesse nous paraît défier toute objection.

Le système nerveux réagit sur lui-même pour produire le sentiment, et sur les muscles pour produire le mouvement. Il peut encore recevoir des impressions directes, par l'effet de certains changements qui se passent dans son intérieur, et qui ne dépendent d'aucune action exercée soit sur les extrémités sentantes extérieures, soit sur celles des autres organes internes. Dans la circonstance dont je parle, la cause des impressions s'applique uniquement à la pulpe cérébrale ou nerveuse. L'organe sensitif réagit sur lui-même pour les accroître, comme il réagit sur ses propres extrémités dans les cas ordinaires ; il entre en action pour les combiner, comme si elles lui venaient du dehors.

Souvent ces impressions, et l'activité du centre cérébral qu'elles sollicitent, sont d'une grande énergie, et communément il en résulte des mouvements et des déterminations qui frappent d'autant plus l'observateur, que leur source échappe entièrement à sa curiosité, et qu'ils n'ont aucun rapport avec la cause régulière sensible . . . . . . . . . . . . . . . . . . .

. . . . Ces différentes propositions se déduisent de faits également simples et concluants tirés des folies, des épilepsies, des affections extatiques, en un mot, des différents dérangements des fonctions du système cérébral . . . . . . . . . . . . . . .

Ici l'économie animale se présente à nous dans une de ces circonstances extrêmes qui servent à faire connaître sa manière d'agir dans celles qui sont plus régulières. Entre cet état, où toutes les opérations semblent interverties, et l'état naturel, où les phénomènes suivent des lois peu connues, il y a beaucoup de nuances intermédiaires dans lesquelles *l'ordre et le désordre sont comme combinés* en différentes proportions . . . . . . . .

. . . . . . . . . . . . . . . . . . . . . . . . . . . . . . . .

Ainsi donc, suivant l'expression de Sydenham, il y a dans l'homme un *autre homme intérieur*, doué des mêmes facultés, des mêmes affections, susceptible de toutes les déterminations analogues aux phénomènes extérieurs, ou plutôt dont les faits apparents de la vie ne font que manifester au dehors les dispositions secrètes, et représenter en quelque sorte les opérations.

Les nerfs et le cerveau ne sont point des organes purement passifs ; leurs fonctions supposent, au contraire, une continuelle activité qui dure autant que la vie.

Le sommeil lui même n'est point une fonction passive, et, pour le produire, l'organe cérébral entre dans une véritable action.

Ces différentes vérités aident à concevoir ces extases dont l'effet est de concentrer la sensibilité, la pensée et la vie dans les foyers nerveux ; elles rendent raison des songes, particulièrement de ceux qui ne sont pas le produit d'impressions reçues par les extrémités sentantes ; elles expliquent d'une manière plus satisfaisante ces délires, tantôt partiels, tantôt généraux, qui non-seulement changent les relations morales de l'homme avec le monde extérieur, mais qui modifient encore si puissamment la manière dont nos facultés purement organiques sont affectées dans ces nouvelles relations. C'est également ici qu'il faut rapporter certains états particuliers, qui faisant taire une grande partie des impressions extérieures, rendent percevables d'autres impressions internes qui, dans l'état ordinaire, échappent à la conscience de l'individu, ces fausses associations d'idées qui brouillent tout, en rapprochant des objets sans relation véritable entre eux.

Ainsi donc, la sensibilité peut être mise en jeu de trois manières : par les impressions venues du dehors par le canal des sens, par les impressions nées au sein de nos organes, par les impressions qui se développent dans l'organe cérébral lui-même.

Dans l'état de veille, la vie morale afflue, pour ainsi dire, par ces trois sources diverses ; dans l'état de rêve, par les deux dernières seulement.

L'état normal subsiste tant que ces deux états restent distincts ; l'état anormal est le résultat forcé de leur confusion, et par ce dernier état il faut entendre, ainsi qu'il a été dit plus haut, les extases, les songes, *les délires généraux et partiels*, en particulier cet état spécial dans lequel on confond les notions venues de l'extérieur avec celles dont la source est dans l'organe même de la pensée, opérant ainsi, sans s'en apercevoir, une monstrueuse alliance entre l'ordre et le désordre, le réel et le fantastique ; en d'autres termes, entre les phénomènes de l'état de veille et ceux du rêve.

Hâtons-nous maintenant de restituer à qui de droit, c'est-à-dire à l'illustre auteur des *Rapports du physique et du moral* (1), les réflexions qu'on vient de lire, à l'exception toutefois des quelques lignes qui les résument. C'est volontairement que j'ai omis de les encadrer dans les guillemets d'usage. Je n'ai pu résister à la tentation de me les approprier, du moins pour quelques instants. Quelles expressions plus nettes, plus précises, quels arguments plus directs eussé-je employés pour caractériser et établir hors de conteste le grand fait de psychologie morbide qui nous occupe ? Emprunter de pareilles réflexions à Cabanis, à mes yeux, c'est presque reprendre mon bien où je le trouve.

Évidemment l'opinion de ce savant ne différait en rien de la nôtre. S'il ne l'a pas formulée avec la même précision et la même hardiesse, c'est qu'il n'y était pas autorisé par l'observation directe, sans laquelle il ne voulait rien affirmer. Il est allé aussi loin qu'il pouvait le faire, n'ayant d'autre appui que le raisonnement et l'induction.

## XIV.

*La folie est le rêve de l'homme éveillé.* — J'ai déjà dit que je ne connaissais pas de meilleure définition.

La folie a été examinée sous deux aspects différents : au point de vue purement psychique et au point de vue des modifications d'organes qui en sont la source ; en d'autres termes, au point de vue pathologique.

Dans les deux cas, la question ne nous paraît pas avoir été comprise comme elle devait l'être.

Voyons d'abord le côté psychique :

(1) Cabanis, *Histoire des sensations*, § I et II.

L'être moral, l'être pensant est essentiellement *un* et non multiple. La distinction entre les facultés intellectuelles est purement nominale ; elle n'exprime rien, sinon les différents modes d'activité d'une puissance *essentiellement indivisible* de sa nature.

C'est pour avoir perdu de vue ces vérités que les auteurs se sont engagés dans une fausse voie et ont reporté successivement tantôt sur l'une, tantôt sur l'autre des facultés de l'âme, la responsabilité des désordres désignés sous le nom collectif de folie.

*A priori*, et l'on peut dire d'après les lois constitutives des facultés intellectuelles, il est impossible d'admettre que ces facultés puissent être modifiées d'une manière partielle. Dans la plus légère comme dans la plus grave de leurs lésions, il y a nécessairement métamorphose complète, transformation radicale, absolue de toutes les puissances mentales ou du *moi* qui les résume.

En d'autres termes, comme on raisonne, on déraisonne ; on est fou ou on ne l'est pas, mais on ne saurait l'être à moitié, aux trois quarts, de face ou de profil.

Les apparences peuvent faire croire le contraire ; disons mieux, elles en ont généralement imposé jusqu'à ce jour ; mais les apparences ne sont pas toujours la vérité, elles servent bien plus souvent de masque à l'erreur.

Voyons maintenant le côté pathologique :

On distingue deux phases, deux périodes dans le trouble psycho-organique, que l'on nomme folie, aliénation mentale. L'une comprend ce que l'on est convenu appeler l'état aigu : c'est le mal à son début, ce sont ses premières manifestations, ou si l'on veut, ses prodromes ; l'autre, l'état chronique : c'est le mal arrivé et resté à tel degré d'accroissement.

De ces deux phases, la première, ou bien a complétement échappé à l'observation, ou bien si, par exception fort rare, elle a été entrevue, elle n'a point fixé l'attention ; on a passé outre, comme à propos de ces faits exceptionnels qui n'éveillent aucune idée, d'autre sentiment que celui de la curiosité.

La seconde phase a été exclusivement prise en considération ; elle seule est entrée comme élément dans la question que l'on se proposait de résoudre.

Contrairement à toutes les règles qui doivent diriger une investigation logique, règles qui d'ailleurs sont toujours fidèlement observées lorsqu'il s'agit de maladies ordinaires, telles que la pneumonie, la phthisie pulmonaire, etc., on ne s'est préoccupé que de la seconde période, c'est-à-dire des symptômes qui la constituent, lorsqu'on a voulu s'enquérir de la nature du mal.

Qu'en est-il résulté ? Que l'on a fait de l'ontologie pure. Ainsi tronqué, dépouillé de ses caractères primitifs les plus propres à mettre sur la voie de son origine réelle, l'état maladif, que l'on se proposait d'étudier, est devenu méconnaissable. On en a fait quelque chose d'exceptionnel, un phénomène à part dans l'ordre des phénomènes organiques. Parce qu'on n'avait pas su découvrir les dérangements des organes, on les a niés, ou tout au moins révoqués en doute.

L'erreur engendre l'erreur, et quelques écrivains, circonscrivant le mal dans les phénomènes fonctionnels eux-mêmes, n'ont pas reculé devant cette hérésie physiologique d'une maladie ayant sa source ailleurs que dans les organes !

Comme on le voit, la science des maladies mentales n'a aucun fondement réel, car elle ne repose que sur des fictions, des impossibilités psychologiques ou sur des faits imparfaitement observés. L'idée que l'on s'est faite généralement de ces maladies a fait perdre toute trace de leur origine. Le fait est qu'il n'y a rien que de fort simple dans ces maladies, rien qui les différencie essentiellement des autres mieux connues, ou du moins que l'on croit mieux connaître ; mais elles ont un côté merveilleux qui, au premier aspect, excite l'étonnement et déroute l'observation. On eût été plus sûr d'en découvrir la véritable origine si on l'eût été chercher moins loin.

« Les questions qui roulent sur l'essence de l'esprit sont si déliées, si abstraites, les idées en échappent avec tant de légèreté, l'imagination y est si contrainte, l'attention si vite épuisée, que rien n'est si facile et dès là si pardonnable que de s'y méprendre. Quiconque n'y saisit pas d'abord certains principes est hors de route ; il marche sans rien trouver, ou ne rencontre que l'erreur.... »

Ces réflexions, que nous empruntons à Diderot (1), se sont toujours présentées à notre esprit lorsque nous avons considéré les tentatives faites par les auteurs pour expliquer les désordres des facultés intellectuelles. C'est pour avoir négligé de se rendre un compte exact de la nature de « l'essence » de ces facultés qu'ils ont cherché l'origine du mal là où elle n'était pas et où il était impossible qu'elle fût. Ils ne se sont pas aperçus qu'avec leur manière de comprendre la lésion des facultés de l'âme, cette prétendue lésion n'était en réalité qu'une *négation* formelle, absolue de ces facultés. On peut concevoir — ce qui du reste est parfaitement établi par l'observation intérieure — que leur action s'exerce dans des conditions et pour ainsi dire dans des milieux physiologiques différents ; mais la simplicité de cette action ne permet pas d'admettre qu'elle soit atteinte en elle-même ni dénaturée d'aucune sorte.

Plusieurs philosophes de l'antiquité, suivant en cela l'exemple d'Aristote, ont admis deux sortes d'âme : l'une *sensitive*, l'autre *intellectuelle*. Van Helmont, qui, selon nous, est de tous les écrivains celui qui s'est le plus approché de la vérité relativement à la nature de la folie, Van Helmont, dis-je, avait adopté cette opinion à l'aide de laquelle il s'expliquait avec une séduisante facilité les mystérieux désordres des facultés morales qu'il appelait : *Exorbitationes animæ sensitivæ* (2).

Il y a cette distinction à établir, dit-il, entre les idées nor-

---

(1) *Dictionnaire philosophique*, t. IV, p. 175.

(2) Van Helmont, *Demens idea*, p. 26.

males et les idées délirantes, c'est que les premières sont le produit de l'âme agissant dans sa pleine liberté, tandis que les secondes sont comme des empreintes (*sigillares notæ*) que reçoit contre son gré l'âme sensitive, et qui la jettent hors de la droite voie. L'âme raisonnable demeure étrangère à ces désordres, auxquels elle est incompatible par essence (*stultescere nescia*) (1).

Il y a bien longtemps que la bonne philosophie a fait justice de cette opinion qui, divisant l'âme en deux parties, « la dépouille de son essence en la privant de sa simplicité (2). » Il n'est pas moins vrai qu'elle se retrouve implicitement au fond de toutes les explications que les auteurs ont données de la folie ; il n'y a point à s'en étonner, car l'écueil était inévitable dans les idées reçues jusqu'à ce jour.

En voilà la preuve : l'aliéné présente sous le rapport moral deux côtés distincts, deux manières d'être essentiellement unies, bien qu'en opposition absolue l'une avec l'autre. On a cru à la coexistence de ces deux manières d'être, et ç'a été une erreur capitale, car elles s'excluent réciproquement ; comme la négation et l'affirmation, l'être et le non-être.

Comme on le sait, du reste, ce que l'on appelle folie n'est point l'anéantissement de la raison. Il est une foule de points chez l'aliéné le plus digne de ce nom sur lesquels cette raison s'exerce avec toute l'énergie, toute la lucidité possible. Il suffit de porter son attention d'une idée vers une autre idée, brusquement, sans transition aucune, pour entendre le plus fou d'entre les fous parler comme un sage. On sait encore que rien n'est plus commun que de voir un fou apprécier ses propres extravagances aussi sainement que s'il s'agissait d'un autre que de lui-même.

Il y a deux conclusions forcées à tirer de ces faits : ou bien

(1) Id., id., p. 35.

(2) Diderot, *Dictionnaire encyclopédique*, p. 182.

il faut les envisager à la manière des partisans du dualisme des âmes et les considérer comme le résultat d'une sorte de dédoublement des facultés morales en âme sensitive et en âme raisonnable, ou bien admettre le fait que révèle l'observation intérieure, à savoir, que l'âme, par une sorte de transformation ou de métamorphose, passe alternativement du délire à la raison, ou, ce qui revient au même, est entraînée alternativement dans de telles conditions, que son activité s'exerce tantôt librement, c'est à-dire avec conscience d'elle-même et des choses qui sont en dehors d'elle, tantôt d'une manière automatique, sans conscience, sans direction, sans volonté libre et éclairée. Nous aurions pu nous exprimer plus succinctement en disant que l'âme passe de l'état de rêve à l'état de veille, ou, si l'on veut, introduit dans la veille des perceptions et des conceptions nées du rêve ; car il y a rêve, dans toute l'acception du mot, toutes les fois que l'âme est absorbée par une idée, une conception, qui n'a de raison qu'en elle-même ou dans l'état exceptionnel du cerveau, et qui n'est pas moins irrésistible et forcée que les causes qui ont amené cet état ou les modifications organiques qui ont été le résultat immédiat de ces causes.

Je me résume :

Il répugne d'admettre qu'un corps puisse être mû simultanément dans deux directions opposées.

De même, dans l'ordre moral, qu'elle affirme ou qu'elle nie, l'âme est tout entière dans l'affirmation ou dans la négation, successivement ou alternativement, jamais simultanément.

Or, celui qui délire *nie* (d'une négation absolue) ce que dans l'etat normal il eût *affirmé*. En outre, puisque le délire, ainsi que nous l'avons démontré tout à l'heure, ne touche point à l'essence des facultés intellectuelles, et, si l'on peut parler ainsi, à l'économie intime de ces facultés, mais a rapport uniquement à certains objets auxquels s'applique leur action ; que ces facultés demeurent intactes, dans le cercle même de leurs perceptions fausses et extravagantes, d'après quoi on pourrait dire, sans sortir de la vérité psychologique, que le fou est tel ou n'est pas tel suivant le côté, la manière dont on l'envisage ; il résulte que ne pas admettre la transformation absolue du moi dans la pensée délirante, c'est déclarer que l'âme peut nier sans cesser d'affirmer, en d'autres termes, subir simultanément deux modifications, deux modes d'être qui se détruisent l'un l'autre.

---

Paris. — Imprimerie de L. MARTINET, 2, rue Mignon.

www.ingramcontent.com/pod-product-compliance
Ingram Content Group UK Ltd.
Pitfield, Milton Keynes, MK11 3LW, UK
UKHW021948260726
13994UKWH00004B/1619

9 782329 473475